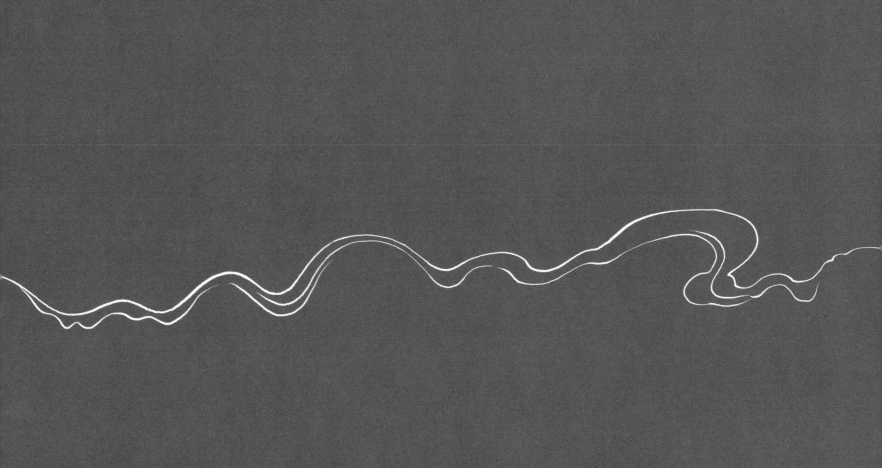

曹林娣 主编

在园林里过家家

你好园林，
神奇的院子

文小通　张翔宇
编著

李冬冬　郭铮
绘

古吴轩出版社

图书在版编目（CIP）数据

你好园林，神奇的院子. 在园林里过家家 / 曹林娣
主编 ; 文小通，张翔宇编著 ; 李冬冬，郭铮绘. -- 苏
州 : 古吴轩出版社，2022.1
　　ISBN 978-7-5546-1728-1

　　Ⅰ. ①你… Ⅱ. ①曹… ②文… ③张… ④李… ⑤郭
… Ⅲ. ①古典园林－园林艺术－苏州 Ⅳ.
①TU986.625.33

中国版本图书馆CIP数据核字(2021)第060394号

责任编辑：李爱华

见习编辑：沈欣怡

策　　划：鲍志娇

特约编辑：郭　铮

装帧设计：王左左

书　　名：你好园林，神奇的院子. 在园林里过家家

主　　编：曹林娣

编 著 者：文小通　张翔宇

绘　　者：李冬冬　郭　铮

出版发行：古吴轩出版社

　　　　　地址：苏州市八达街118号苏州新闻大厦30F　　邮编：215123

　　　　　电话：0512-65233679　　　　　传真：0512-65220750

出 版 人：尹剑峰

印　　刷：天津图文方嘉印刷有限公司

开　　本：889×1194　1 / 16

印　　张：21.75

字　　数：337千字

版　　次：2022年1月第1版　第1次印刷

书　　号：ISBN 978-7-5546-1728-1

定　　价：269.00元（全四册）

如有印装质量问题，请与印刷厂联系。022-59950269

网师园

网师园可不是"把渔网撒在老师头上"，它原名"渔隐"——像渔夫一样隐居，"网师"就是渔夫。它的历史，要从南宋说起。

话说，自从宋徽宗和宋钦宗被金人掳去之后，宋高宗赵构率领剩余的朝臣一路逃往南方。1131 年正月初一，宋高宗在越州把年号改为"绍兴"——绍祚中兴，意思是接续北宋，收复河山，让国家再度兴旺起来。是了，这越州，就是现在的绍兴。

史正志是南宋进士，当时金国正在北方虎视眈眈，该如何抵御金兵的南侵呢？初涉朝堂的史正志踌躇满志，他日夜苦读兵书，并且撰写了多篇军事著作，为国家出谋划策，很受宋高宗器重。随着年龄和阅历的增长，史正志认为纸上谈兵远远不够，多做实事才更有益于国家。于是在建康府任职时，他招募水军，又设船场、修城墙、造战船，据说，在这期间他曾督造过由 12 个叶片组成的桨轮来驱动的大战船。

后来，史正志因反对张浚北伐遭到弹劾。已近花甲的他见宋朝复兴无望，干脆离开政坛，在苏州建了这一方小小的园林，过起隐居生活。

这是
网师园

撷秀楼

五峰书屋

万卷堂

大门

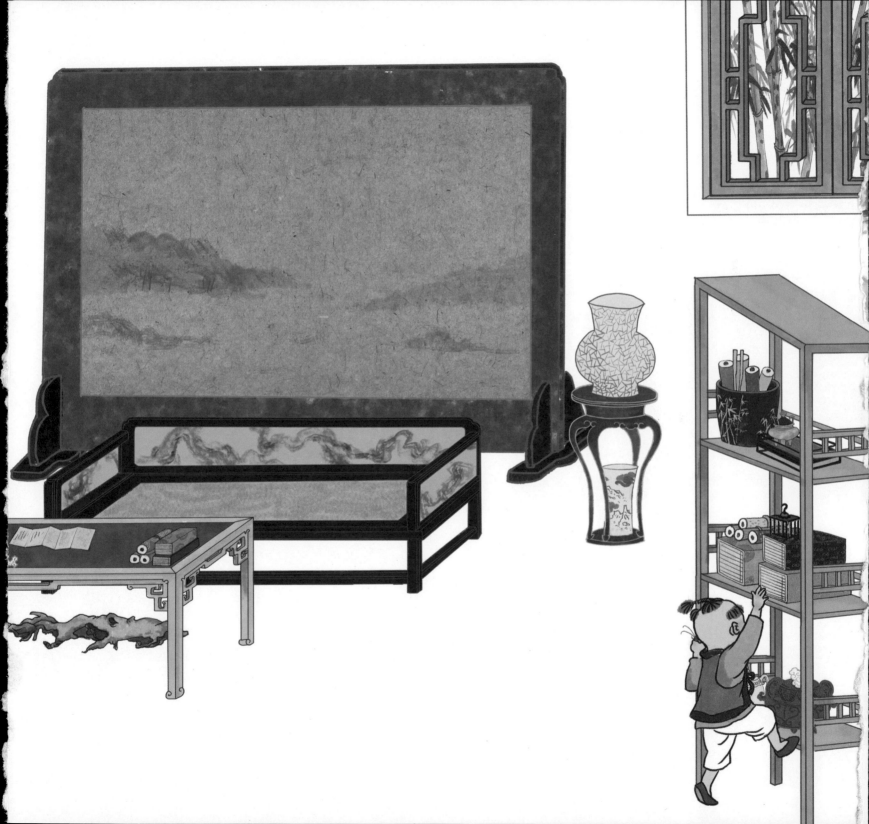

竹外一枝轩

射鸭廊

引静桥

看松读画轩

濯缨水阁

小山丛桂轩

月到风来亭

殿春簃

琴室

前言

　　中国园林的设计布画者都是文人，诗文兴情以构园，成为山水画意式园林，也是文人写在地上的文章！文人将生活艺术化、艺术生活化，是"诗意栖居"的文明实体！

　　园中的传统家具是蕴含着独特意趣的文化精粹，早就超越了它的功能价值，而进入精神审美领域。

　　家具陈设称为"屋肚肠"，没有家具则"胸无点墨"。

　　园中室内补壁和斋头清玩，诸如书画、古琴、香炉、臂搁、镇纸、茶具等，文化含量高、文化积淀深厚，既反映了礼乐文化亦凸显园主胸中文墨。

曹林娣

请坐——

坐具

欢迎来到我的家，
我带你去看看，
园林里的传统家具和文人生活吧。

从席地坐到垂足坐

千古幕天席地
一春翠绕珠围 ❀

如果我问你"坐"是指什么动作，你一定想：这不是废话嘛！坐就是把屁股放在凳子上呗。

其实，关于中国人起居方式的演变可是有一段特别的历史呢！

早在两千多年前，中国和亚洲其他地区，比如日本、印度、尼泊尔、泰国、朝鲜等国家的人一样，都坐在地上。现在我们把这种坐法叫作"席地坐"，韩国和日本如今还延续着席地坐的传统。欧洲人的传统是"垂足坐"，他们在两千多年前就已经坐在椅子上了，这是因为欧洲气候湿冷，石地坚硬，坐得高高的更舒服些。而我们中国，早期的文明大部分源于大江大河附近，地面大都平坦松软，而且气候相对干燥，坐在地上就很舒服。

席地坐并不代表简陋，它其实讲究极了。例如，《论语》中有一句话："席不正，不坐。"说的是用席子时一定要摆放得合乎规矩，《礼记》中也有"群居五人，则长者必异席"的规矩——多人坐在一起时，须为德高望重的人单独准备一张席子。

跪坐

2

席地坐时，可不能随随便便一屁股坐到地上去，古人对各种坐姿都有明确的区分，比如"跪坐"就是把屁股坐在脚后跟上，这是最正规的坐姿。其他坐姿也各有名称："蹲踞"是屁股和脚底板都着地，介于蹲和坐之间的姿势；"箕踞"最随便，两腿岔开，一屁股坐到地上就对了。但是，这两种坐姿都非常不礼貌，表示对对方的轻蔑或一种傲慢的态度。

到了魏晋、隋唐时期，西域胡人带来的垂足坐逐渐被大家接受，跟传统的席地坐并存着。

北宋以后，垂足坐成为主流。北宋诗人苏轼在《赤壁赋》中写道："苏子愀然，正襟危坐而问客曰：'何为其然也？'"这里的"正襟危坐"，便是指整理衣襟，很端正地坐着，是不是像小朋友们面对老师时一样认真严肃呢？

从席地坐到垂足坐，经历了一个漫长的过程，这种变化影响到我们生活的方方面面，比如家具样式的改变，人们坐得高了，自然也就产生了相应的椅子和床榻；生活器皿也大不相同，席地坐时所用的高足杯逐渐减少。另外，坐具变高了，人们的视野随之改变，建筑设计也发生了相应的变化，窗户的位置、房屋的高度、地面的材质……都需要调整。

蹲踞

箕踞

根据河南新密打虎亭汉墓壁画改编

坐的方式的不同，不仅改变了相应家具的设计，还改变了人和人之间的关系、人们相处时的社交礼节和习俗等。比如进屋脱鞋这件在垂足坐时无足轻重的小事儿，在席地坐时却是顶重要的礼仪。《吕氏春秋·至忠篇》里记录了一桩因为不脱鞋而引发的命案。话说，齐王生了恶疮，治疗很久仍不见好转，便派人去宋国请来名医文挚。文挚经过一番仔细检查后对太子说："要治好大王的病就必须激怒他，可是大王一旦发火势必会杀了我。"太子闻言忙叩头恳求道："请您务必施救啊！我和我母亲一定会冒死替您向大王解释。"文挚经过再三思量最

终答应下来并和太子约定了复诊时间，但到复诊日，齐王等了一天也没看见文挚的人影儿，只好再约，想不到文挚又失约，一连几次都是这样，齐王气坏了。

这天，在太子的再三催促下，文挚终于来了。只见他衣着随意，步态懒散，鞋也不脱就径直走进齐王的寝室，然后"不解屦登床，履王衣，问王之疾"。早就憋了一肚子火的齐王气得胡子都抖了起来，他扭过头去不搭理文挚，文挚见后不但不收敛，讲话的态度反而越发无礼。齐王的怒火终于爆发了，他一边大骂文挚一边站起身来，病竟然一下子好了。齐王命人把文挚绑了起来，太子一见，立即扑到齐王脚下替文挚申辩，可盛怒之下的齐王根本听不进去。最终，齐王"以鼎生烹文挚"。

现在我们虽然不再席地而坐，但它在我们文化基因里留下的印记却是不可磨灭的，比如语言习惯。我们常说的"席位""出席""筵席"这些词语，都源于席地而坐。筵席的筵，用粗料制作，比较长，铺在下面，席四边缀布帛，比较短，铺在上面，人坐在席上，是不是很有意思呢？

中华民族是一个开放的民族，文化融合能力非常强，我们现在的很多习惯，都已经和它们最初的形态相去甚远。

墩

狸奴去后绣墩温
且伴我日长闲坐 ❀

你知道墩吗？一截木头、一个土堆都能叫墩，可在家具里，墩却是个极其灵活亲切的小可爱。

墩，有绣墩、凉墩、花鼓墩等。因为它的最初造型源于两头小、中间大的腰鼓，所以还常常被叫作"鼓墩"，有的坐墩还保留着鼓钉装饰。腰鼓形坐墩，还是战国以来女子熏香取暖专用的坐具。

绣墩

竹墩

女孩子的墩

若说起这闺房里的坐具，绣墩可是少不了的。玲珑的绣墩和温柔的小姐姐最相配，她们不但自己爱美，连自己房间的绣墩也要打扮得漂亮可爱。女孩儿们给坐墩加上刺绣精美的垫子，坐墩便成了"绣墩"。可是，因为底部比较小，绣墩坐起来并不稳当，调皮的孩子可得当心点儿。

亲切的墩

墩，是家具中等级比较低的一类，可也是因为它不那么正式，反而显得比其他坐具更亲切，特别是皇帝对大臣表示"待之以礼"时，常会"赐绣墩"。

古时候，为了拉大君臣之间的尊卑差别，先秦时期的君臣共坐，到宋朝时已改成君坐臣立，而赐坐成为特别的恩赏。坐具成了区别大臣身份等级的东西，墩比凳低，凳比椅低，椅子里官帽椅比圈椅低，圈椅比交椅低，交椅之上便是最高贵的宝座，所以有资格坐交椅的大臣算得上是"一人之下，万人之上"了。

因此，如果有一天，皇帝突然特许某人坐墩，那便已经是亲切至极了。但皇帝用坐墩恩赐时，还会以颜色与绣饰来区分太子、亲王、宰相等人的等级。

瓷墩

个性十足的墩

墩，造型百变，个性十足。

墩的座面形式可多着呢，除了圆形以外，还有海棠、梅花、瓜棱、椭圆形……用来制作墩的材料也很灵活，有木头、竹子、藤、瓷等。样式有海棠式、梅花式、六角式和八角式……墩的造型越来越新奇别致，墩成为人见人爱的小可爱。

石墩

你好园林，神奇的院子

方凳

独坐幽篁里
弹琴复长啸
❀

方凳

方凳，家家户户都有，简洁实用，种类多样，叫法不一。

骨牌凳

骨牌凳

骨牌是一种长方形，面上有点数的牌，又叫牌九，跟今天的麻将和扑克一样，曾经非常流行。之所以叫这种方凳"骨牌凳"，是因为它的样子和长宽比例与骨牌很像。说白了，骨牌凳就是那种小矮凳——家具里的小不点儿。骨牌凳因为小巧方便，各地都有它的身影，在江南的民间最为常见。生活在江南的小朋友可以仔细观察一下，看看身边是不是还有骨牌凳呢？

在园林里过家家

圆凳

美人卷珠帘
深坐颦蛾眉 ✿

可爱的圆凳

圆凳是随着胡人的迁徙传入中原的，并且从唐代开始广为流行。圆凳样子乖巧玲珑，很受人们喜爱，所以人们会选用较好的木料，很少使用粗木制作圆凳。

圆凳不像方凳那样，必须得是四条腿，少一根、多一根都站不稳。谁见过三条腿或者五条腿的方凳？但是圆凳就自由多了，它最少是三条腿，多的可以达到八条腿，这些腿有弧形的，也有平直的。

圆凳看上去圆滚滚、胖乎乎的，很敦实，三条腿、四条腿、五条腿、六条腿的都有。样式有海棠式、梅花式、桃式、扇面式等，当真讲究得不得了。

海棠式圆凳

一剪梅·雨打梨花深闭门

[明] 唐寅

雨打梨花深闭门，孤负青春，虚负青春。
赏心乐事共谁论？花下销魂，月下销魂。
愁聚眉峰尽日颦，千点啼痕，万点啼痕。
晓看天色暮看云，行也思君，坐也思君。

梅花式圆凳

在园林里过家家

11

长凳

小园虽说乏楼居

早向幽亭设长凳

❀

咱们来说说长凳吧，那可是园里园外最常用的凳子呢！

春凳

"春凳"真是个好听的名字。它的特别之处在于凳面很宽大，即便是最小的春凳也足够两个大人并排坐下。春凳并没有特定的尺寸，大小、长短、高矮都很随意，但是必须够宽，宽到能躺人。在《红楼梦》里，宝玉被他老爹打了屁股，凤姐就指挥小丫头说："打的这么个样儿，还要搀着走！还不快进去，把那藤屉子春凳抬出来呢。"看来，关键时刻这春凳还能当担架使呢！

为什么叫"春凳"呢？有两个说法流传最广。

一种说法，春凳是香椿树做的。香椿树的木质自带香气，能驱散蚊虫，而且香椿树木质坚韧，不易变形，花纹美丽，颜色也特别好看，因此，人们都爱用这种木头为新婚之人打造家具。由于"椿"和"春"同音，"椿凳"也就成了"春凳"。

还有说法是"春凳"在春天开始使用。初春，人们坐在春凳上晒太阳；暮春，人们坐在春凳上纳凉，享受着温和的春风和柔美的春景，好不惬意！明朝人徐咸的《徐襄阳西园杂记》中说："四时之景，惟春为可乐。……登山临水，随意所之，皆所以涤荡鼓舞，用宣春机，以助阳回之意，故桌曰'春台'，凳曰'春凳'，肴馔之具曰'春盘'，果菜之品曰'春盛'。"
四季的景色就数春天最好看了，春天出来游山玩水，
那游玩用的桌子叫春台，凳子就叫春凳咯！

　　明代沈受先在《三元记》第六出中，还写过一
个有关春凳的小段子，很有趣呢！

三元记（节选）

［明］沈受先

春台春凳摆得能，端正。
安排春盛十来层，齐整。
东阳美酒七八瓶，忒盛。
正好猜拳掷色赌输赢，行令。

提篮

条凳

条凳细长，没有靠背，可以同时坐两三个人，是最常用的凳子，街道边、饭馆里、店铺中、茶摊儿上、戏台下都能看到条凳的身影。

《清明上河图》可不止一幅，很多画家都画过这个题材，现在最常见的版本除了北宋画家张择端的，就是明代画家仇英的了。

在仇英版的《清明上河图》里，描绘了苏州一带老百姓的生活，上面处处能看到条凳。这不，东边儿城外的一个村口，人们围在简易戏台前看戏，三三两两地坐在条凳上，好不热闹！

哎哟！你看，你仔细看，还有人站在条凳上呢！

非仇英原作

15

官帽椅

四出头官帽椅

清晨坐堂上
文书常满前 ❀

说起官帽，你肯定见过，就是有长长帽翅的那种帽子。官帽椅跟官帽最神似的地方就是这两边出挑的帽翅了。

如果把这种椅子两边的扶手去掉，便是最普通不过的"灯挂椅"，这名字听起来让人感觉暖洋洋、喜滋滋的。老百姓说，那两端长长挑出的好像挂灯笼的竿子一样。中国在六朝时已有桌椅雏形；唐代桌椅基本定型，并流行起来；五代时期的名画《韩熙载夜宴图》所描绘的各个场景中都摆放有灯挂椅。这样看来，它可算是"官帽椅"的前辈呢！

长脚的官帽

最初，并没有"帽"这种称呼，《仪礼》中称帽为"头衣""元服"。古代的帽子种类非常多，有冕（miǎn）、帻（zé）、幞（fú）头、巾、弁（biàn）、冠等。"帽"从"冒"演变而来，直到东汉时，"帽"才开始正式出现在书籍和文件里。

后人把官帽叫"乌纱帽"，我们现在能看到的最早的乌纱帽是从马王堆汉墓里发现的漆纚（xǐ）。漆纚顾名思义，是在制作这种帽子时，为了让它更加硬挺有型，人们便用生漆反复刷涂它。漆纚虽然也是官帽，但还没"长脚"。

众多帽子中，有一种叫"幞头"的，有两根被称为"幞脚"的长带子，它们原本的用途是在脑后打结，固定帽子。到了武则天时期，时尚达人们把幞脚加宽、变圆，并且在里面加了硬物，让它变成非常有型的时髦物什——跷脚幞头。到了五代十国，这"两只脚"进化成用漆纱做的，样子横直平展的"展角幞头"。那时，老百姓和帝王、权贵大臣戴的幞头样子都差不多，但是幞脚的变化却多极了。这幞脚便是我们现在常说的帽翅了。

南北都有官帽椅

官帽椅分为"四出头官帽椅"和"南官帽椅"。在北方，一般称官帽椅为"四出头官帽椅"，南方则称之为"南官帽椅"。

四出头官帽椅的"四头"是头部两端的背椅和两边扶手的前端，它的背板多为"S"型，能跟我们脊柱的曲线完美贴合，所以坐起来很舒服。南官帽椅最大的特点则是在四出头官帽椅的"四头"部分都没有出头，虽然"难出头"，但是南官帽椅给人一种优雅和圆整的感觉，清新秀丽。

人们对官帽椅造型的喜爱，不仅仅是因为它实用、舒适，还因为它样子周正，放在堂上很威严。另外它还有特殊的象征意义：考取功名、步入仕途是中国古代知识分子的人生追求。于是，官帽椅便承载了人们的这种情感与期望。

南官帽椅

圈椅

六出飞花入户时
坐看青竹变琼枝

提起圈椅你肯定不陌生，很多人觉得那是长辈的专座，其实自从圈椅诞生以来，它就一直是时尚界的"宠儿"呢！

圈椅也叫"圆椅"或"罗圈椅"。因为圈椅椅背的横梁是圆滑的弧线，自高向低，和扶手成为一体，圈成了一个圈儿，所以称为圈椅。圈椅的椅面宽敞大气，人们坐上去，两只手臂正好搭在向外反卷的扶手上，身体很是放松，舒服极了。

云龙椅·现代

你好园林，神奇的院子

月牙凳·唐

了时尚圈。汉斯·瓦格纳就是个痴迷圈椅的"制椅狂魔"，1944年，瓦格纳接到一个工作，对方要求他设计一款弯曲效果最佳的木质扶手椅。瓦格纳想了很多种设计方案，但是都无法令客户满意，直到他看到了中国的明代圈椅，灵光乍现，在明代圈椅的启发下，他设计出了"中国椅""Y字椅"等影响全世界的椅子。

前世今生

圈椅的前辈叫月牙凳，在很多唐画里，我们都能看到这种罩着绣花软垫的宽大凳子。它的面既不方也不圆，而是一条边凸一条边凹，好像一弯胖月亮。它的名字很文雅——月牙杌子，杌子就是凳。

月牙凳与凭几融合，慢慢发展成了圈椅。凭几一般有两条或者三条腿，是我们祖先席地而坐时与席子或者榻配合使用的一种小不点儿家具，人们可以靠在上面。隋唐时期，胡人带来了高高的椅凳，中原本土的矮家具不断地取长补短，凭几和月牙凳结合在一起，圈椅便产生了。

到了明朝，人们崇尚质朴、简洁，圈椅流畅的线条和大气的样式便固定下来，一直流传到今天。

如今，圈椅又被才华横溢的设计师们带进

圈椅·现代吴孝儒设计

圈椅·明

交椅

目随归雁尽
坐待暮鸦还 ❀

"交椅"是个啥？听起来陌生得很，但"马扎"你一定很熟悉。

胡床与交杌

你别小看这土里土气的马扎，它当年可是风光无限的"进口家具"呢！东汉时，西域的游牧民族带来了一种凳腿交叉且没有靠背的折叠凳，汉人叫它胡床。《太平御览》中记载："灵帝好胡床。"看来，至少在东汉末年，胡床就已经很流行了。

静夜思
[唐]李白

床前明月光，疑是地上霜。
举头望明月，低头思故乡。

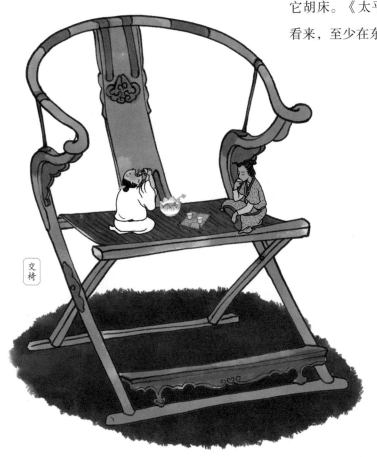

交椅

你好园林，神奇的院子

到了隋代，因为皇帝是鲜卑族，所以忌讳说"胡"字，胡床被改名为交床或者交杌。树无枝称杌（wù），凳子没有靠背就像树没有枝丫，被称为杌凳或者杌。这交杌，就是小马扎的老前辈啦。

那个时候，能折叠起来方便携带的胡床只流行于宫廷和贵族之间，是战争和狩猎时使用的。后来，聪明的宋人为胡床增加了靠背和脚踏，胡床正式升级成"交椅"。

床前明月光，李白在哪儿看月亮？

每每读到《静夜思》这首诗，你脑海里是不是会出现这样的场景：李白躺在床上，看到地上的月光，以为是白霜："好冷啊！已经是深秋了……"然后他从被窝里爬起来，披上衣服，走到窗前，抬头看着天上的月亮。

可是，如果换成下面这个场景：李白手执酒壶，坐在花园中的一把交椅上，月亮东升，银光洒在地上，寒气渐渐从脚下升起，这……难道已经结了霜花？他将身体向后靠，抬起头，遥望那轮明月。这样，是不是很有意境呢？

跟李白一样，夜晚失眠的诗人还真不少。杨万里说："废卷不能读，起行绕胡床。"哎，心烦！看不进书，绕着胡床来回踱步也许能有所缓解吧。春游的时候，胡床能躺、能坐，便于携带，推荐指数五颗星！袁宏道说："山亭处处挈胡床，不独游忙睡亦忙。"原来，古人也扎堆出来春游呢，想找个睡觉的地方都挺困难的。

玫瑰椅

坐见落花长叹息

洛阳女儿惜颜色

玫瑰椅的"玫瑰"

玫瑰椅之所以叫这个名字，有着好多种说法呢！

你注意到了吗？"玫瑰"二字偏旁都是"王"而不是表示植物的"艹"哦。在《说文解字》中就有这样一段话："玫，石之美者；瑰，珠圆好者。"意思是说，玫是美的宝石，瑰是圆润美好的珠石。后来，"玫瑰"便在一起连用，指最美好的宝贝。再后来，玫瑰就成了一种美丽的花的名字，玫瑰也不知不觉地成为美丽的象征。因此，把"玫瑰"这个名字送给外形雅致、好看的玫瑰椅也算实至名归了。

还有一种说法：在很多地方的方言里，人们喜欢把矮小的东西叫作"小鬼"，小孩子们也会被大人称作"小鬼"。玫瑰椅靠背较低，体型矮小，一开始被称作"小鬼椅"，后来，叫着叫着便成了"美鬼椅"，也就是美丽的小椅子。

玫瑰椅

你好园林，神奇的院子

吃饭看书

——承具

案

犹胜凡俦侣

案头见蠹鱼

"案件""档案""拍案叫绝""拍案惊奇""拍案而起""举案齐眉""案无留牍""三曹对案""缉拿归案""顶风作案"……原来我们的生活中有这么多"案"啊！那么，古代的"案"和"桌"究竟有什么不同呢？

案和桌是两类截然不同的家具。案的腿缩进面板里，看上去案像是几块面板组成的。

战国、两汉时期的案都很低矮，从魏晋到唐宋，案越来越高，还逐渐衍生出平头案、翘头案、书案、画案、经案、供案等。

案和桌的样子虽然差不多，但案在中国语言里的地位却比桌子高很多。比如，我们常说"查案子"不说"查桌子"；"拍案而起"听起来更斯文，而"拍桌子瞪眼"就让人害怕了；用"举案齐眉"形容夫妻互敬互爱，礼貌相待，可如果举起来的是桌子，那可能是要打架了！

书画案

孙祺卿新居
[南宋]许棐

几年铢累束修钱，才向湖边置一廛。
种竹庭深难得月，养鱼池小易为泉。
山呈好画当书案，柳撒轻丝罩钓船。
酒力半酣诗思倦，矮床相对白鸥眠。

你好园林，神奇的院子

翘头案

书画案

书画案的案面通常比桌面宽大许多，不需要雕琢得十分精细，只要平整宽敞就好。书画案是文人的必备家具，是文人生活中小小的"仪式感"。窗外有水、有竹，斋中有几、有案，在案上写诗、画画、品赏古玩，这样的地方便是文人的世外桃源。

翘头案

中国书画里有一类叫"手卷"或者"长卷""横卷"的，它们的宽度通常只有二十几厘米，长度却能达到十几米。这类书画不适合挂在厅堂上供大家一起观看，更适合收藏者本人一边一点一点展开卷轴一边仔细玩赏。这种欣赏方式对案的样式也产生了深远的影响，翘头案便是专门为展看手卷而设计的。在两端翘头的阻挡下，长卷就不会"秃噜噜"地掉到地上了。

案能举起来，是因为它最早是被放在席边或床榻上使用的，坐和卧都可以。汉朝时人们吃饭席地而坐，每个人面前都有一方低矮的食案，是分食制，这种食案跟现在的托盘差不多。所谓"无足曰盘，有足曰案，所以陈举食也"，意思是说，没有腿的是盘子，有腿的是案，都是用来盛放食物的。送饭时把托盘举得高过了自己的脸，表示对别人非常尊重。

八仙桌

＊

摩挲摩挲肚儿，开小铺儿，

卖油盐儿，卖酱醋儿；

八仙桌儿，小椅子儿，

竹筷子呀，小菜碟儿，

你一碗儿，我一碗儿，

馋得你白瞪眼儿。

海棠盘

八仙桌，听起来挺神秘，其实就是四边一样长的方桌。因为每边都可坐两个人，围在一起就是八个人，人们就把"八仙桌"这个雅称给了它。这样一来，坐在桌旁的每一位"仙人"心里都会喜滋滋吧。

我们都喜欢跟家人围坐在一起有说有笑地吃饭，感觉这样吃饭特别香。其实，无论是大家族还是小家庭，八仙桌都是中国人家里最有凝聚力的地方，比如商量事情、全家人一起吃饭、接待来访的贵客等，都离不开八仙桌。

咱们来听个关于八仙桌的小故事吧。

有一年，玉皇大帝过生日，邀请各路神仙一齐祝寿，八仙知道了，也欣然赴宴。半路上，张果老看到云头下有处连绵不断的小山，山间桃花好像红云一般，一片连着一片；山下碧水潺潺，鹿儿、麂子在岸边跑跳如飞，鱼儿跃出水面，银光闪闪……

"诸位老伙计，你们看，这里的美景真是少见！咱们迟一会儿再去赴宴，人间一年咱们天上才一天，误不了事。"

青釉高足碟

于是，他们在这儿接连玩了七天才感到疲倦。张果老建议大家休息一下，八仙便各显神通，变出桌子、凳子，还有琼浆玉露、瓜果菜肴。他们美美地享用之后，留下一张空桌离开了人间。后来，人们就把这吃饭的方桌称为八仙桌，为的是沾沾仙气，图个吉利。

瓷豆

斗笠碗

执壶

八仙桌

筷子

半桌

时人莫道蛾眉小
三五团圆照满天 ❀

半桌

半桌？难道是半张桌子吗？

这可不是开玩笑的，半桌确实是一件相当正经的家具！它的大小大约是八仙桌的一半。

那这半张桌子怎么用呢？通常当八仙桌不够用时，便可以拿一张半桌来拼接，所以半桌又叫"接桌"。

你好园林，神奇的院子

半桌的传说

关于半桌的由来，有个很精彩的故事。

两千多年前的春秋时期，晋国有一个奸相，名字叫屠岸贾（ɡǔ），他阴险狠毒，陷害忠良，百姓怨声载道，对他又怕又恨。但是，屠岸贾的妻子却是个心地善良的人，她对屠岸贾的恶行深感担忧，于是，她想了个办法——通过说书来规劝丈夫改邪归正。

这一天，艺人张维上门说书，讲了两个人的故事：一个忠臣爱国爱民，受人尊敬；一个奸臣祸国殃民，死后连坟墓都被别人挖了。屠岸贾做贼心虚，听了非常害怕，甚至恼羞成怒，拔出宝剑想要杀张维。张维情急之下，举起一张桌子拼命抵挡，没想到，屠岸贾一剑下去竟把那张桌子砍成两半。从此，张维将半桌作为证据，用说书来鞭挞坏人，半桌的故事也由此传开了。

团圆的半桌

圆桌的一半是半圆形，半圆形的半桌像一枚月牙，于是它就有了个好听的名字——月牙桌。以前，园中常有在外地做官或者经商的，他们不在家时，这月牙桌便被分开，靠着墙，一边放半张，好像远隔天涯的离人。妻子们在半桌上摆上瓶插或者香炉，心里祈祷着：我的丈夫呀，一定要平平安安地回来……

盼呀盼，远游异乡的人终于回家了。快，把那两张半桌拼起来！家人团圆，桌子也团圆，月牙变成满月了！

提梁壶

象腿瓶

酒桌

欢言酌春酒
摘我园中蔬

五代秘色瓷莲花碗

你一定参加过宴席，在各种各样的餐桌边吃过饭、看过大人喝酒，但是，你见过古人用的"酒桌"吗？他们用的酒桌跟你赴宴时所见到的可大不一样呢！

古人的酒桌是窄窄的长方形，尺寸不大，比大多数餐桌还矮不少。对比餐桌，你有没有发现这酒桌的桌面有点儿不同呢？原来，酒桌四边都有一条稍稍高起的精致"挡水沿"，这样，即便宾客畅饮时打翻了酒杯，酒也不会马上流下来脏了衣服。

挡水沿

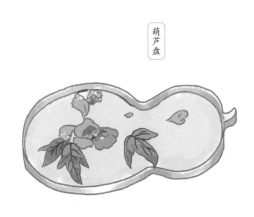

葫芦盘

30

行酒小游戏

轻歌曼舞是古代筵席的高级配置，酒桌游戏更能将全场气氛推向高潮，投壶就是极受欢迎的一种游戏。但是，下面这个故事里的投壶游戏却暗藏危机，因为游戏的两位玩家分别是春秋时期两位争霸的诸侯——齐景公和晋昭公。

公元前 530 年，晋昭公即位，大宴四方宾客，齐景公前来祝贺。宴席中嘉宾分别将没有箭头的箭投向不远处的铜壶中，投进者胜。晋昭公先拿起一支无头箭，刚要投出，大臣中行穆子马上说："有酒如淮，有肉如坻，寡君中此，为诸侯师。"这是说晋国非常富有，酒像淮河流水一样多，肉堆起来有坻丘一样高，如果我们君主能够投中，晋国就可以统帅天下诸侯。轮到齐景公投时，他慢条斯理地说："有酒如渑，有肉如陵，寡人中此，与君代兴。"这是说齐国实力雄厚，河更多，山更高！酒像渑水一样多，肉像山陵一样多。如果我能投中，齐国就可以取代晋国成为这天下的霸主啦！说完"嗖"的一声，箭便进了壶口。这是记载在《左传》中的一段故事。

由于投壶游戏来自古老的射礼仪式，所以用它来招待客人显得很有礼貌。酒足饭饱之后，玩会儿游戏还能助消化哦。

投壶游戏

名画里的酒桌

中国人早在一千多年前的五代时期就在宴会上使用酒桌了。画家顾闳中的《韩熙载夜宴图》中，就清清楚楚地记录了酒桌的样子和用法。

宽大的榻上，主人韩熙载和新科状元郎粲相邻而坐。这位状元郎好年轻啊！才二十出头，胡子都还看不到哦。他正兴致盎然地注视着对面抱着琵琶弹唱的小姐姐，他那身大红色的袍子是整个屋子里最耀眼的颜色，这场宴会就是为郎粲而设。

榻前两张酒桌一字排开，这酒桌比座椅稍高，大概六十厘米的样子，上面摆满了精致的酒菜、零食。对面还有一张同样丰盛的酒桌，看起来桌旁也是一位重要的客人，但他只顾扭过身体盯着歌姬看，瞧也不瞧这张酒桌一眼。原来，这位就是韩公的常客，主管音乐部门的教坊副使李嘉明，怀抱琵琶的女孩儿正是他妹妹。哥哥脸上露出赞赏的微笑，看起来这场演出很成功呀！

榻

酒泉

鼓

棋桌

世上滔滔声利间
独凭棋局老青山 ❁

棋桌

我们在很多地方都见过棋桌，小区里、小公园里，随处都能见到围着棋桌下棋和看棋的人。那么，住在园林里的古人用的棋桌是什么样的呢？

棋桌，有正方形的，也有长方形的。明清时期，棋桌的设计更加巧妙，制作也更精良。

一些设计巧妙的棋桌，桌面能活动，还可以分成两三层桌面，下两三种棋。下棋的时候拿下桌面，便会露出棋盘，不下棋的时候，盖上桌面，还可以当桌子使用，棋桌真是一种用途很多的家具呢！

中国人爱下棋，关于棋的成语和典故也特别多，有个故事看后让人特别感慨：孔融智商超群，小小年纪就名满天下，但他的命运却以悲剧收场。孔融性格桀骜，经常"吐槽"曹操，而且言辞相当不留情面，一来二去，曹操就对孔融起了杀心，连他的家人也被牵连遭难。当军队去孔融家中捉人时，孔融九岁的儿子和七岁的女儿正在下棋，仆人劝他俩赶紧逃命，兄妹俩却非常淡定地说："覆巢之下，焉有完卵？"之后便安安静静地下完那盘棋，跟着士兵走了……

睡会儿

——卧具

最早的卧具

散发乘夕凉
开轩卧闲敞

梦　疾
床　宿

远古时期，我们的先民居住在平地上，经常遭受野兽的攻击，时刻处于危险中。后来有个部落首领教会人们用树枝和藤条在大树上建造房屋，房屋的四壁和屋顶都是用树枝做的，既可以避风挡雨，又可以躲避禽兽。于是，人们便拥立他为王，称其为"有巢氏"。

筑巢而居的先民为了避免潮湿与寒冷，用茅草、树叶、树皮和兽皮作为坐卧用具，于是，最古老的家具——席便诞生了。席在很长一段时间里兼具坐具与卧具的功能，可以说是床榻的始祖。

在席子出现以后，床这种低矮型家具应运而生，但当时的床只是个"高于地面的土台"。在商代的甲骨文中，"席"字是带有花纹的长方块，在屋里的席子上躺着，是"宿"；"床"字有高高的腿儿，躺在床上脑子里装满东西是"梦"，躺在床上全身冒汗是"疾"。

此后，"席地坐"的起居方式一直延续到魏晋时期。隋唐时，"垂足坐"逐渐取代"席地坐"，床才由兼具坐、卧等多功能的家具转变为专门供人睡觉的家具，从客厅退到卧室。

接下来，让我们一起去研究一下古代的卧具吧！

席

野老与人争席罢
海鸥何事更相疑 ❀

　　古人的席并不像我们以为的那样简陋，它可以极其华丽精致。先秦时期，制席材料有草、竹、兽皮等很多种，《周礼·春官宗伯·司几筵》里列出五种席：莞席、缫（sāo）席、次席、蒲席和熊席。其中，莞席是用被俗称为水葱的莞草编成的；缫席是用染色的蒲草或者夹有五彩丝线的蒲草编成精美花纹；次席用桃枝竹编成；蒲席用蒲草编成；熊席则是天子四时田猎、征战时专用的熊皮席。另外，还有用稻草或者禾秆、麦秸秆编成的荐席，这种席通常铺在最下面或者用于寝卧，因为它等级较低所以不能用来待客。

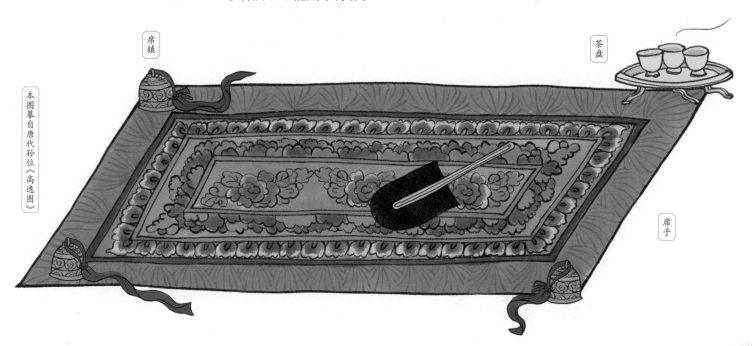

席镇

茶盘

本图摹自唐代孙位《高逸图》

席子

比制席更繁杂的还有布席礼法，铺设什么样的席，铺席多少，朝什么方向，都有规矩，《论语·乡党篇》里记载孔子"席不正不坐，君赐食，必正席先尝之"。布席可以分为独席——单独坐在一张席子上的必然是身份尊贵之人；连席——如果地位相差不大，四五个人可以同坐一张席，但要让尊长坐在席子首端，这就是所谓的"首席"了；对席——对面而坐，当然是为交流方便，如果是有学问的客人来了，就对席而坐，高谈阔论一番，这时可别把两张席子放得太近，否则扬手比划起来可不方便呢，所以请至少保留"一丈"远吧。此外，还有"父子不同席""男女不同席""登席不由前"等诸多用席规则。

仿古铜锅

那时，人们的日常生活大多与席有关，这一习惯影响久远，至今还有很多与"席"有关的词语。比如：

主席——坐在正位或主家席位，以示尊重；

割席——不跟你在一张席子上坐了，咱俩绝交；

幕天席地——性情旷达，天为房顶地当席；

一席之地——虽然很小，但是拥有自己的位置；

孔席墨突——忙得像孔子和墨子一样，每到一个地方，席子还没坐暖，灶突还没熏黑，就又动身了；

席卷一空——像卷席子一样，把所有的东西都带走；

卷席而居——随时准备卷起席子逃难；

出于水火，登之衽席——把人从水火里救出来，安置到席上，比喻救人于危难之中。

另外，还有"听君一席话，胜读十年书""宴席""席位""出席"等。

你好园林，神奇的院子

榻

高人屡解陈蕃榻
过客难登谢朓楼
❀

你睡过床，可未必睡过榻。

虽然榻在现代少有人用，但古时候，它可是家具家族中响当当占据"C位"的大咖。

榻，算是一种小床，尺寸比较自由，有长方的，还有正方的，古人说"床三尺五曰榻，八尺曰床。"一般来说四面没有围板的叫"榻"，有三面围板的叫"罗汉床"。在上面闲坐、读书都非常舒适，累了还能睡会儿，无论是自己休息还是接待客人，甚至古代政府部门办公，都可以在榻上进行。

在园林里，不管是客厅、书房还是亭台，都少不了榻的身影。榻妥妥是个多功能神器呀！

下榻

你有没有听过这样的新闻报道：某国家元首来我国访问，在某处下榻。这"下榻"是什么意思呢？

这个词源于一个历史典故。东汉名士陈蕃在京城洛阳犯颜直谏得罪了权贵，被贬到豫章做太守。豫章住着一位名士，名叫徐稚，字孺子，在洛阳时陈蕃就听说他满腹经纶，品德高尚，对他仰慕已久。一到豫章，陈蕃就直奔徐稚的家。两人一见如故，相谈甚欢。之后陈蕃再三邀请徐稚到郡府为官，徐稚却说东汉王朝病入膏肓，已经无药可救。徐稚虽然一而再，再而三地拒绝了陈蕃的邀请，但是陈蕃却没有因此而疏远徐稚，反倒非常体恤他，还常常派人送去衣物，以示敬意。徐稚也经常到陈蕃家讨论学问，为国家献言献计。因为二人经常秉烛长谈，陈蕃干脆准备了一张卧榻，专供徐稚使用。徐稚一走，陈蕃就把卧榻挂起来，直到徐稚再来，才又放下。"下榻""扫榻以待"就由此而来，下榻也成了器重人才、尊重宾客的代名词。

陈蕃下榻作为美谈一直流传至今，形成一个成语。王勃在《滕王阁序》中就引用了这则典故："物华天宝，龙光射斗牛之墟；人杰地灵，徐孺下陈蕃之榻。"

直凭几

你好园林，神奇的院子

管宁榻

自汉末以来，文人雅士都必备一张榻，以此显示自己格调高雅，不为功名利禄这类俗事动心。《高士传》中有一位隐士，名叫管宁，这位高人在归隐的五十多年里，经常跪坐在一种叫藜床的木榻上，硬是把这榻都磨穿了！

像管宁这样特别专注又能持之以恒的人非常难得。管宁曾经有个好朋友叫华歆，有次他俩一起在菜园里锄草，看到地上有块金灿灿的东西，管宁像见到土块一样把它锄到一边，华歆却赶忙跑过去捡起来查看一番，发现不是什么值钱的东西才扔到一边。又有一回，两人正坐在一张席子上读书，一架豪华马车从门前驶过，管宁全然无视，继续专心读书，华歆则赶紧把书一扔，跑到门外追着马车看，眼睛里满是羡慕。管宁想：他这么贪慕富贵，看来我俩终究不是一路人啊！于是果断跟这位朋友"割席分坐"了。

大唐宰相李德裕写下："忆我斋中榻，寒宵几独眠。管宁穿亦坐，徐孺去常悬。"他这是在感叹"没有志趣相投的朋友，我太孤单啦"。

三足凭几

榻

架子床

绣床旋满
香毯无数

❀

榫卯

架子床因为床上有顶架而得名，那它究竟长什么样子呢？

架子床的四角有柱子，三面有围板，顶上有盖，俗名"承尘"。它有四柱床和六柱床两种，六柱床是在正面床沿上多放置两根立柱，依着柱子再安装围板，名曰"门围子"。

但是一张床想睡起来舒服只有框架远远不够。当你"呼"地倒在家里的大床上，嘴里不禁感叹"啊，软绵绵，真舒服"时，我想，你称赞的一定是那张厚厚的弹簧床垫。那么，这架子床用什么床垫呢？不，这得叫"床屉"。一般来说，架子床的床屉分两层，下层一般是棕屉，上层则是藤席。这样睡起来既有弹性又不会太软，且结实、透气，床褥还不容易潮湿。

在古人眼里，架子床的价值就相当于现在的超级跑车，怎样体现它的奢华不凡呢？明代人的做法比较低调，以精美的做工和清雅别致的造型取胜，走简约路线。清代人则相当高调，他们的架子床用料厚重、体形高大，到处都是镂刻、彩绘或者浮雕，图案有"松竹梅""葫芦万代""岁寒三友"等，寓意为"富贵长寿""多子多福""金榜题名""家庭和美"等，保证你往床上一躺，满眼全是美好。

除此之外，戏曲故事也广受欢迎。《满床笏》就是出镜率极高的一出。故事讲的是唐朝名将郭子仪六十岁生日时子孙前来拜寿，由于他的八子七婿全是高官，每个人都携带着朝见君王时记事用的笏板，这些对普通人来说遥不可及的珍贵物品竟然满满当当地摆了一床。其它家喻户晓的雕刻还有《八仙过海》《二十四孝》《百子闹元宵》《桃花扇》《琵琶记》《张协状元》……有这么多故事的床算得上"私家影院"了。

雕刻这么多图案，这床……够结实吗？放心，架子床看似"弱不禁风"，其实并不娇气，其中的榫卯结构经过不断完善早得了"万年牢"的美誉，结构非常稳定呢！

你好园林，神奇的院子

炫富利器

床在古代家具中不仅有很高的地位，还是古人家庭财产的一大组成部分。

明朝嘉靖年间，有一个大贪官，名叫严嵩，当他被皇帝抄家时，竟然抄出六百四十张床！严嵩弄这么多超级豪华大床，是要开一个五星级大酒店吗？其实，这些床可不只是用来睡觉的，而是像现代家庭中的汽车、房子，或者父母账户里的股票和存款一样，是家庭的重要资产哦。

六柱架子床

慢帐

脚踏

床上木雕

拔步床

翠羽流苏帐
春眠曙不开 ❀

拔步床算是架子床的升级版，它有好多别称，比如"八步床""踏步床"等。因为拔步床体形巨大，有的甚至占大半间房子，于是有人叫它"半间床"。又因为拔步床的制作非常复杂，所以民间还有"千工床""万工床"的外号。这可不是说有成千上万人都来做这张床，而是指把一个工人工作一天算"一个工"，那么几个工人合作，耗时几个月甚至几年才能做好一张雕花拔步床，最后的工作量总和就成千工、万工了。

房中房

拔步床最大的特点就是床前设有休息室，室内有层层浅廊，有的休息室两侧还有小窗户，一个拔步床就像一个单独的小房子，麻雀虽小，五脏俱全，是房中房、室中室。

拔步床不仅颜值突出，而且非常实用。比如，过去室内没有卫生间，在拔步床的浅廊里放个马桶，就可以解决半夜上厕所的麻烦事儿；浅廊的一侧设梳妆台，早上起来，直接梳妆打扮好再"出床"；主人还可以按自己的需要在浅廊里安置一些常用物品，小桌凳、衣架、衣箱、灯盏等都可以。这是不是很方便呢？

睡在架子床和拔步床里，人会感觉非常踏实。这是因为古时候屋顶比较高，窗户的密封性也不太好，睡觉时四周空荡荡、黑漆漆的，冬天丝丝冷风挤进窗缝，夏天蚊虫嗡嗡地飞过头顶，有架子床和拔步床幔帐的呵护，冬天不怕打头风，夏天无惧蚊虫叮，人自然睡得安稳。

拔步床

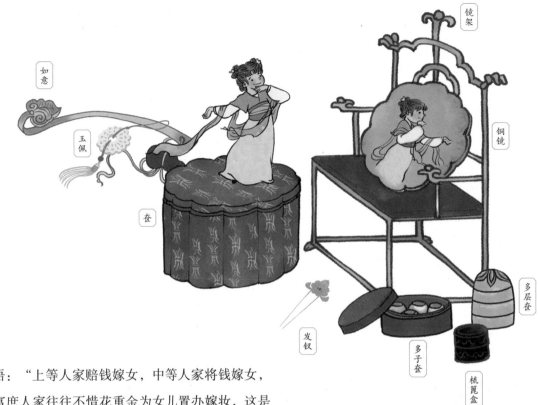

如意

玉佩

奁

镜架

铜镜

发钗

多层奁

多子奁

梳篦盒

昂贵的嫁妆

旧时关于结婚，有一句俗语："上等人家赔钱嫁女，中等人家将钱嫁女，下等人家数钱卖女。"这是说富庶人家往往不惜花重金为女儿置办嫁妆，这是为了向外人和夫家显示：我家家境殷实，对女儿视若珍宝，嫁到你家以后可不能慢待了她呀！女儿出嫁时，娘家陪送的雕工精美的拔步床，绝对算得上一件豪华大礼。

一张拔步床到底有多金贵呢？明代小说里写到，商人西门庆家买一个丫鬟要五六两银子，一张普通拔步床要十六两银子，镶嵌贝壳的中高档拔步床得六十两银子，而皇宫里用的拔步床大概需要白银千两！这样一算，如果西门庆卖掉一张宫廷拔步床，然后拿这些钱买丫鬟，那买来的丫鬟是不是能站满一个小操场了？

当然，买卖人口是古代发生的事儿，现在可是违法的哦。

你好园林，神奇的院子

收纳

——

柜架

亮格柜 万历柜

丝藕清如雪
橱纱薄似空
❀

亮格柜

你好园林，神奇的院子

网师园从前叫万卷堂，是出了名的书多，所以也是出了名的柜子多。

亮格柜

亮格柜，即架子加柜子，架格在上，柜子在下。架格里放物品，方便拿取和观赏；柜内储存物品，重心在下，非常稳定。

亮格柜有不同的样式。上部的亮格通常只有一层，两层的比较少。亮格有的是全敞，有的有后背。亮格柜的下部，就是放东西的柜子了，用来放衣物、被褥等，很实用。如果你有什么贵重物品，可以放进柜内的抽屉里，一个柜子通常有两三个抽屉，足够你分门别类地放置物品。

一款家具不用款式特点而是用皇帝的年号来命名，倒让人记忆深刻，比如"万历柜"，它是亮格柜的一种。

"万历"是明神宗朱翊钧的年号，他在位时间长达48年。这么久，足够这种连架带柜的家具流行到大江南北并且将样式固定下来，后世人就用这一时期的皇帝年号称之为"万历柜"。

万历柜上面的亮格一般都有围子，将亮格装饰成一个舞台，台上的主角就是主人珍爱的古董珍玩。

和古董一样珍贵的还有才华，园林里的文人们看着这方柜上舞台，心底里也希望自己的才华能像这些古董珍宝一样得到皇帝的重视，拥有自己的一方舞台！

南橱北柜

什么是"橱"？哪个是"柜"？

其实"橱"和"柜"说的都是一种东西，只是南北方习惯不同，南方人讲"衣橱""碗橱""书橱"……北方人说"衣柜""碗柜""书柜"……

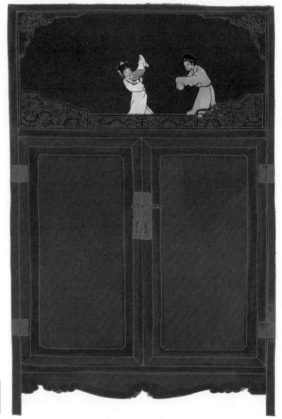

万历柜

圆角柜 方角柜

纱橱竹簟偏宜睡
五月庭除不聚蚊 ✿

圆角柜

圆角柜

如果说方角柜的气质是"大度",那圆角柜的性格就是"智慧"。

圆角柜以"圆"作为主旋律,柜帽及各处的转角都为圆角,并且所用到的木料也几乎都是圆的,四角、四框都有圆,看上去非常"好脾气"。

圆角柜上窄下宽,国外称它"A字柜",我国南方叫它"大小头"。这个造型十分稳当,尺寸又比方角柜小,既节省材料,又方便摆放,所以特别实用。让人惊喜的是,它还有两扇"半自动"柜门哦。圆角柜的门上没有钉子或者合页,只在上、下有两个轴。当你打开柜门的时候,因为重心偏斜,柜门会自己慢慢关上。其中的原理虽然简单,却非常实用,古人的智慧让人佩服!

方角柜

方角柜

方角柜一般由上、下两截组成，上面的叫"顶柜""顶箱"，下面的叫"立柜""竖柜"，上、下合起来叫"顶箱立柜"。没有顶柜的方角柜，古人称为"一封书"，意思是这柜子好像一封信函一样方方正正。

中国人喜欢凡事成双，特别是柜子这种常在结婚时置办的大家具。每对柜子立柜、顶箱各两件，合在一起叫"四件柜"。

制作四件柜之前先要精心挑选木材，再根据木材选择合适的工艺。比如黄花梨木的特点是纹理优美，这些行云流水般的天然纹理配上黄花梨木本身的颜色，不需要雕刻烦琐的图案，只凭"素颜"就能胜出。

但是，四件柜并不是普通人家能够消费得起的家具。体积大，需要的木材昂贵，柜上精致的图案也必须请能工巧匠完成，这些都决定了四件柜"大富大贵"的身份。

方角柜家族中有四件柜那种大家伙，也有身材小巧的。小型的高 1 米左右，可以放在炕上，叫"炕柜"；中型的高 2 米左右，跟家里的衣柜差不多；那么大型的有多大呢？你猜猜吧。

中国最大的一对柜子收藏于故宫坤宁宫，它竟然有 5.2 米高，差不多赶上两层楼了！这取放东西多不方便啊，难道它的主人想在里面藏宝贝？

架格

插篱竹架格

对面植花木 ✿

架格就是"书格"，它样式朴素，是文人的必备家具。

架格最初只有几块横板来放置物品，后来有的架格会在第二层装上抽屉，这样既可以放些贵重的小东西，又能起到装饰作用，可真是个好主意。

明清时期，科学技术有了很大的发展，匠人们研究出很多新工艺，架格的制作也越来越精良，硬木格架普及开来。这些木材质地特别密实，架格的结构和雕刻便越做越精细。后来，匠人们又设计出透棂架格，这种架格好像蕾丝一般玲珑通透，既美观，又方便找书。制作透棂架格的木料更高一级，常用紫檀、黄花梨等贵重木材，架格到此时越发典雅金贵。由此也可见文人对书的重视。

竹简

线装书

架格

卷轴

西式装订书

你好园林，神奇的院子

心头好

—— 小物、文具

书籍

书卷多情似故人
晨昏忧乐每相亲

❀

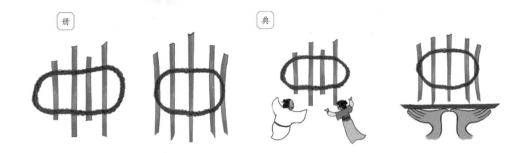

册　　典

一直以来，中国人都特别重视教育，孩子最开始进入书塾学习被称为"启蒙""开蒙"，意思是开启蒙昧，明白事理。

开蒙用什么课本？书塾里又学什么内容呢？

在所有的启蒙教材中，《千字文》最广为人知。

南朝时期的梁武帝萧衍一生戎马倥偬，却始终不忘读书。他深知皇子们"生于深宫之中，长于妇人之手"，因此更要加强教育，让他们明是非、辨善恶。梁武帝让人从王羲之书写的碑文中拓下一千个字，供皇子们学习。但是这些字都是孤立的，没有联系，不便识记。于是，他召来周兴嗣，说："这满朝文武之中卿最有才华，你来为这些字加上韵脚吧。"

没想到，周兴嗣只用了一个晚上，就编好了这本流传千古的《千字文》！

《千字文》全文一千字，字字不重复，集结古今经典，又贯穿许多道理，四字一句，简洁明了，朗朗上口，易学易记。所谓"学童三五并排坐，天地玄黄喊一年"，这本《千字文》一喊便已一千五百多年了！后来，它还走出华夏风靡亚洲，甚至还成为日本皇室学习汉语的经典教材。

再好的课本也不能降服所有调皮好动的小学生，对待淘气包，先生可是很严格的，会像《学记》里面所讲的那样："夏楚二物，收其威也。"夏楚就是教鞭，古代的小孩不听话要挨教鞭呀！

竹简

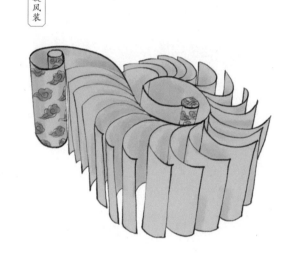

旋风装

贝叶经

书籍的大变身

读书，伴随着文人的一生。书籍，一向是文人们最珍视的宝贝。

中国的正规书籍已有三千多岁了，最早的正式书籍是简册。在纸发明以前，文字主要写在竹片或者木板上。一块竹片或木片叫作"简"，上面通常只写一列文字，很多块"简"编连在一起，就是"册"。

商朝人在跟天神沟通之前，会把要跟天神说的话、敬献给天神的礼物的清单以及跟天神约定的合同内容等事先写在"祝册"上，进行祭祀的时候照着宣读就不会出错了。特别重要的书，得用双手捧着，叫"典"。写错不要的字，用刀刮掉，是"删"。

哇！我们天天用到的汉字原来个个都大有来头！

那个年代的"读书郎"想要带些书出门游学，家里没有车还真不成，毕竟书太重了，所以留下了"学富五车"这个词来形容文化人。

那么，当时的书有多重呢？

据说，秦始皇有时一天批阅的竹简有一百多斤重！难怪刘禹锡在《陋室铭》里说"无丝竹之乱耳，无案牍之劳形"，这样看来，阅读"简牍"的确是个体力活儿。

后来，人们用帛来书写，叫"帛书"。"帛"字分开是白和巾，那会儿，棉花还在西域，中原难得见到，"巾"都由蚕丝织成，所以这"白色的真丝布料"可是相当昂贵的"纸张"。

直到蔡伦制成蔡侯纸之后，价格低廉的纸才成了书籍的主要材料。难怪文言文都惜字如金呢！

你看，识字读书对古人来说是件多么奢侈的事啊！

不同的书籍材料自然有各自匹配的装订形式：简册适合卷起来；布帛太软，如果在两端装根轴，收卷时就方便得多，就叫它"卷轴"吧；纸书刚流行的时候，人们依然延续"卷"的思路制作书籍，把一页页纸贴得好像"牛百叶"一样，便成了有趣的"旋风装"，也叫"龙鳞装"；后来，僧人从西域带来写在贝树叶上的"贝叶经"，受它启发，人们改造出"经折装"的书。

经折装

线装出现得最晚，却被全世界公认为最能代表"中国样式"的装订方式。把所有书页叠放整齐，从上到下打孔，再用线装订起来就好了。别看线装书方法简单，它却是比诸位前辈都先进的装订方式，既便于读者翻阅，又不易散落。

因为中国书籍大多用柔软的宣纸印刷，所以网师园书架上的古书都"平躺"着，直到近代，西方的印刷和装订方式传入中国，书有了厚厚的书脊和硬挺的封皮，才逐渐在书架上"站"了起来。

线装

你好园林，神奇的院子

文具盒

剑玦充文具
歌谣集古书

❀

乾隆紫檀木旅行文具箱组件

读书人哪有不爱文具的？明代人屠隆就对文具非常有研究，还特意撰写了《文具雅编》，记录了40多种文房用品。这些文具功能不同，样式百态，材质各异。咱们快去看看吧！

古人的文具盒里有什么？

你一定有文具盒吧，但你可能想不到古人也用文具盒哦，而且很早以前就开始使用了呢！

汉代以前，人们主要用竹简木牍来写书和信，所以那时书写所用的文具和现在大不一样，文具盒也比现在的大很多。河南信阳的长台关楚墓里出土过一只放文具的小木箱，大小和现在的鞋盒差不多，里边放着12件文具。这些文具可以分为两类：一类是加工制作竹简的工具，有截断竹简用的铜锯，劈开竹简、刨平竹片用的铜锛，刮除茸毛、修整竹简用的铜刻刀和铜夹刻刀，钻孔编册用的铜锥等；另一类是书写文字用的笔，装笔的笔套，还有刮削竹简、改正笔误用的铜削刀等。总之，它看起来更像是木匠的工具箱呢。

皇帝的文具盒

清朝的乾隆皇帝爱写诗、画画，一生中诗产量高达 4 万多首，当真随时随地灵感乍现就得立即把它写出来。有心的侍从便为他精心设计了这种多功能文具盒，准确地说，这是个旅行用的文具箱，让皇帝走到哪儿都有得心应手的文具用。这款文具箱里面有两个屉盒，每个屉盒分上、下两个多宝格。整个文具箱可以放置 64 件物品，如笔洗、臂搁等。这样构思巧妙，结构合理，做工精细的文具箱真是太合皇帝的心意了！

乾隆紫檀木旅行文具箱

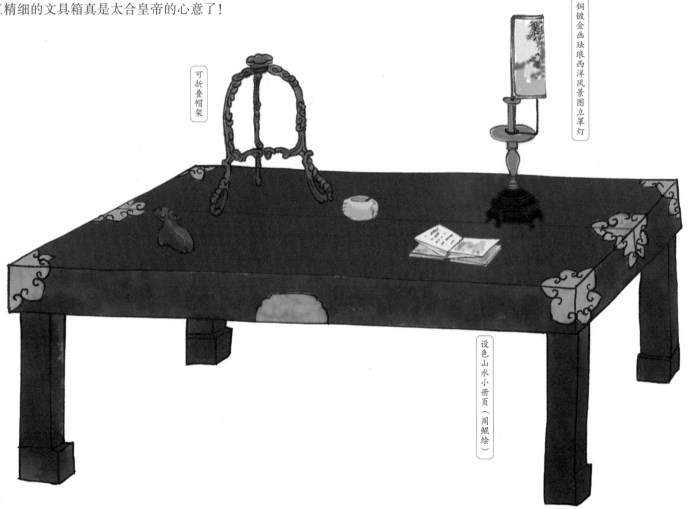

可折叠帽架

铜镀金画珐琅西洋风景图立罩灯

设色山水小册页（周鲲绘）

你好园林，神奇的院子

墨

香墨弯弯画
燕脂淡淡匀 🌸

说到墨和砚，小读者们就没那么陌生了。文人对这两样东西可是非常讲究的，很多人都是它们的"骨灰级"粉丝呢！

墨的历史非常久远，中国考古发掘出来的公元前14世纪的骨器和石器上就已经有墨迹了，不过那时的墨只是一种天然石墨，人工墨大概到战国时期才出现。

魏晋时期，人们用漆烟、松煤做成墨丸使用。

隋唐制墨业空前兴盛，名匠辈出，奚超就是当时最有名的制墨大师。安史之乱以后，墨工纷纷从原来的制墨中心——山西长治和河北易县逃往南方。奚超一家从易县逃到安徽歙县时看到这一带松林茂密，比北方老家更适合制墨，就在这儿定居下来，继续制墨。他以黄山松为原料，改进了配方和制作工艺，做出来的墨质量果然更好，又浓又细腻，还有漆一般温润的光泽，连南唐皇帝李煜都视它如珍似宝。皇帝一高兴，后果很"给力"，干脆赐予奚家皇族姓氏"李"。由皇帝亲自代言的"李墨"一下子成了比黄金都稀罕的抢手货，"黄金易得，李墨难获"，"徽墨"从此名扬天下，直到今天仍稳坐"墨坛金交椅"。

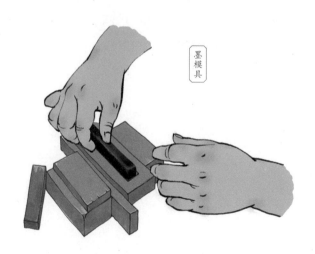

墨模具

收烟

你好园林，神奇的院子

说起这制墨的原料，可有点儿意思，其中最主要的成分居然是"烟"，没错，就是烧火时冒出来的滚滚黑烟。燃烧松枝可以制成颜色浓黑的松烟墨，燃烧桐油、猪油等油料能做成富有光泽的油烟墨。加了金箔、麝香、犀牛角、琥珀、珍珠粉、蛇胆等名贵药材的药墨，不仅能用来写字作画，还能治病救人。没准儿，古人生一场病竟能成个"肚子里有墨水"的人呢！

用这些费力劳心制得的墨写的字、画的画，几千年都不会褪色，所以你可得小心，别把它沾到衣服上哟。

宋末元初的大画家、大书法家赵孟頫是个墨痴，他曾经一边磨墨一边赋诗：

古墨轻磨满几香，
砚池新浴照人光。
北窗时有凉风至，
闲写黄庭一两张。

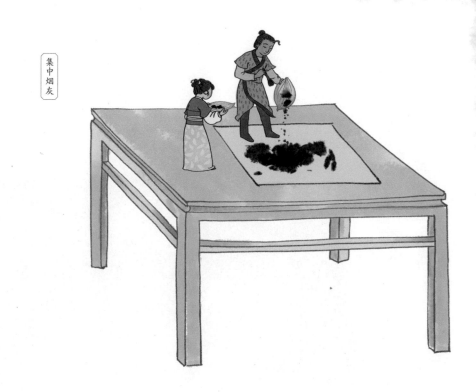

集中烟灰

捣制

分装

砚

宣州石砚墨色光　笺麻素绢排数箱

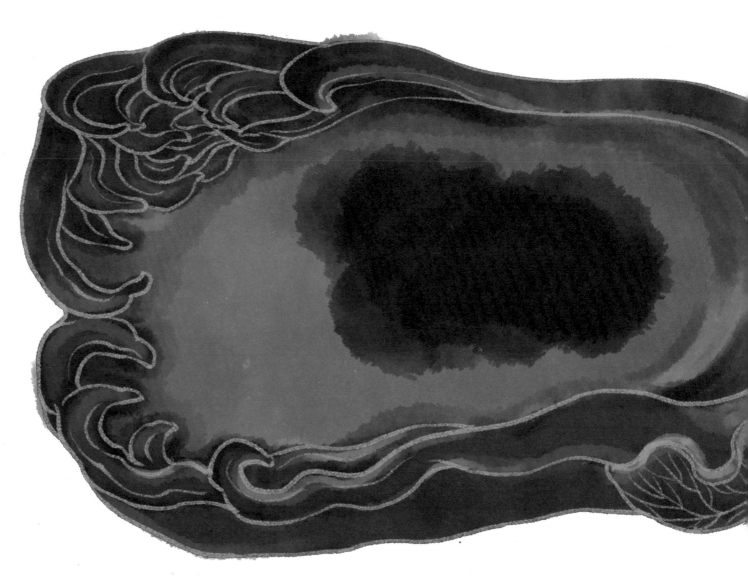

你好园林，神奇的院子

砚和墨是一对分不开的搭档。

砚中的澄泥砚大多用坚硬的石块制成，上面还常常有各种奇妙的花纹，有的像眼睛，有的像山水，有的像星星，有的很像文字。

清朝名臣纪晓岚爱砚成癖，收藏了许多罕见的砚台，并为它们一一撰写"砚铭"，就连他的书房也取名为"九十九砚斋"。

像纪大才子这样的"砚痴"历朝历代都不乏其人。据说，北宋的苏轼和米芾都是。

米芾是个有名的怪脾气艺术家，他表现欲特别强，还有洁癖。

一天，米芾得了一方紫金砚，苏轼知道后非要把这砚台借去试试笔，试过以后更是爱得心肝宝贝一般。谁知没过多久，苏轼重病不治竟然去世了，临终前他还嘱咐儿子说："我死后要把这方砚台带到棺材里。"米芾听说后吓得赶紧跑去跟苏轼的儿子要砚台。他说："苏轼把我珍爱的紫金砚台借走之后，一直没还给我，现在竟要用我的砚台给他陪葬，这样一个俗物怎么配跟苏轼这样身份的人一起呢！"

这故事可是有凭有据。不信？这幅字现在就收藏在台北故宫博物院里，就是传世名帖《紫金砚帖》。

纸

纸上清名 万古难磨 ❀

纸是我国古代四大发明之一，在西汉就已经出现了，到东汉时，蔡伦改进了造纸技术。后来，纸载着文字走进千家万户，文化才由此传播到平民百姓间。

造纸的巧心思

在手工造纸的时代，纸匠为了造出质地优良又样式美丽的纸着实倾尽心思。

色纸或色笺是把纸染成不同的颜色。染纸用的是什么色料呢？大多是天然植物，其中有不少还是治病的良药哦！比如染黑色用的五倍子，染黄色用的槐米、姜黄、栀子、洋葱皮、大黄、石榴皮等，染红色用的红花、苏木、茜草，染紫色用的紫草根……

怎么？你嫌那些纸均匀一色不够丰富？还想做些有趣的花纹？办法多得很，比如用棕刷蘸矾水向纸面洒，水点洒落处，一圈圈水印就会像花朵一样晕开，好像老虎身上的斑纹，故称虎皮宣。

造纸不光能洒矾洒醋，还能洒金洒银。洒金纸、洒银纸的制作，是用排笔蘸胶矾水刷在染色的宣纸上，趁纸湿时，把金箔、银箔和豆子装在一支纸筒里（豆子能让金、银不粘在一起）。之后在纸筒下面开个孔，轻轻摇动或者用手指弹敲纸筒，金箔、银箔就如下雪一般飘落到纸上。最后，在上面垫一层油纸，用

送崔珏往西川
[唐]李商隐

年少因何有旅愁，
欲为东下更西游。
一条雪浪吼巫峡，
千里火云烧益州。
卜肆至今多寂寞，
酒垆从古擅风流。
浣花笺纸桃花色，
好好题诗咏玉钩。

排刷隔着油纸把金箔、银箔压实，晾干后就成了洒金纸或洒银纸。纸面上金银片又小又密的叫"屑金""屑银"，金银片大如雪片的叫"片金""片银"，满是金银片的则叫"泥金""泥银"。

呀！满眼金银，好不富贵！

薛涛笺

撒金银

金银箔

豆子

刷胶水

薛涛笺，是一类尺寸较小的彩色信纸，花样很多，不止"桃花色"一种。元代人袁桷写过"十样蛮笺起薛涛，黄筌禽鸟赵昌桃。"的诗句，这里的黄筌、赵昌、薛涛都是四川人，都有名作流传于后世，其中黄筌善画禽鸟，赵昌善画花卉、果实，而薛涛则以信笺最为人所熟知。

薛姑娘是唐代人，她出身诗书世家，父亲薛郧学识渊博，薛涛耳濡目染，八岁就能写诗，后来更是以才华让当时一众文化名人成了她的"铁粉"，其中包括白居易、刘禹锡、杜牧等"大咖"。不幸的是，薛郧因得罪权贵全家被贬黜四川，后又出使南诏沾染瘴疠而亡，薛涛也因生活所迫沦为乐妓。在众多粉丝中她对诗人元稹情有独钟，两人互相爱慕，恋爱中的薛涛为爱人制作了这种甜蜜的信纸。可惜才子多情更无情，没多久元稹就离开了薛涛。

相传，薛涛笺由"浣花溪的水，木芙蓉的皮，芙蓉花的汁"制作而成，薛涛专门用来誊（téng）写自己的小八行诗作。

笔

挥戈如笔笔如刀
帅阃文场有此豪 ❀

毛笔，是我们国家使用时间最长的书写工具，它又细又小却记录了潮起潮落的时代更迭，改变了艺术与文学的发展，见证了国家的复兴和强大，是个重要的超级主角！

稚气登场

毛笔到底是什么时候出现的呢？追根溯源，我们在《辞源》中找到了这么一句话："恬始作笔，以枯木为管，鹿毛为柱，羊毛为被。"恬是谁？他就是秦代大将军蒙恬，据说毛笔是他发明的。这么看来，直到秦代才有毛笔吗？那可有点儿晚，聪慧勤劳的中国人怎么可能这么晚才发明毛笔呢！

关于毛笔的起源，我们根据现有的考古发现，找到了蛛丝马迹。1972年，在陕西临潼的姜寨遗址中出土了一套原始绘画工具，其中有石砚、研棒和颜料等物品。而且跟这套工具一起出土的还有很多陶器，上面都有图画的痕迹，这些图画的线条一看便知是出自毛笔。

我们在商代的甲骨文中，也能找到毛笔的痕迹。考古学家发现，三千多年前中国人主要用毛笔而非用"刀笔"写字。虽然甲骨文是用刀笔刻在龟甲、兽骨之上，但商代人日常书写的文字却与秦汉以后写在竹简或木片上的文字一样。

原来，商朝就有了毛笔，那时候就是毛笔最早在中国登台亮相的时间吗？一个出土于山西陶寺遗址的扁陶壶可不服气，因为在它身上有个用毛笔书写的朱红大字——"文"。所以你看，最起码四千多年前，我们的祖先已经在日常生活中写起了毛笔字，只可惜因为书写材料都已腐朽，毛笔字不能长久保存，唯有刻在坚硬的龟甲、兽骨上的甲骨文得以保存下来。

笔中成语，殊途人生

一支笔，有人视之如灯塔，有人却嫌弃它太平庸，纪少瑜和班超就选择了如此迥异的人生。

南北朝时期，有位名士叫纪少瑜，才高貌美，草书尤其有名。他本姓吴，自幼孤苦无依，由纪氏抚养长大。纪少瑜幼年时并不特别聪颖，但是有志向，有气节，学习非常刻苦。他连走路吃饭都想着如何写作，却仍然脑袋空空，无从下笔。一天晚上，他梦见一位高人，高人赠给他一支青镂管笔。梦醒后，他果然见到一支非同寻常的毛笔。从此，纪少瑜的文章大有长进，终于成了一位大作家。"梦笔生花"的典故就由此而来。

东汉大史学家班彪的幼子班超从小博览群书，能言善辩。他曾一度靠替官府抄写文书赚钱奉养母亲。有一天，他正在抄写文件的时候，突然觉得很烦闷，便丢下笔说："大丈夫应该像傅介子、张骞那样，在异域立下功劳，怎么可以在这种抄抄写写的小事中浪费生命呢！"

后来，他投身行伍，前往西域，在对匈奴的战争中取得胜利。在经营与西域各国关系的三十多年中，他靠着智慧和胆量，度过了各式各样的危机。班超一生共到过五十多个国家，和这些国家保持和平的同时，也宣扬了大汉的国威。班超的故事也衍生出一个成语——投笔从戎。

花样文具

星芒垂耀笔床寒
河汉波流砚滴干

水丞

大家听说过"文房第五宝"吗？没错，说的就是水丞。水丞又叫砚滴，用来储存磨墨用的水。在古人看来，水丞不光能储水，还能带动文思，是个神奇的"灵感储藏室"，也许很多传世名作就是古人在调水磨墨时构思出来的呢！

水丞

臂搁

古人的衣袖特别宽大，有了臂搁，写字的时候衣袖就不会沾上墨水，手上的汗渍也不会污染纸面。用久了，人们发现，臂搁还可以减轻写字时手腕的疲劳，真是一举两得！臂搁虽然不是文具中的主角，却将严谨的创作精神和追求极致的品位完美地融入文艺生活中，为小小的书房增色不少呢！

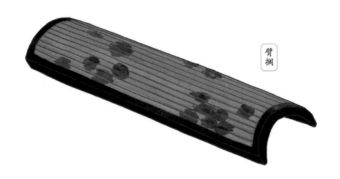

臂搁

笔架

贝光

　　贝光，用它可以把纸面打磨得既光滑又瓷实。这样墨不容易洇开。顾名思义，这文具最开始用贝或者螺做成，后来也有人把疙疙瘩瘩的树瘤打磨光滑做成贝光，叫"瘿木"贝光。文人们对这种返璞归真的物件向来推崇得很。

贝光

笔架

　　笔架，也叫笔搁、笔格、笔山，样式特别多，不过最常见的还是连绵起伏的山峰样式，五峰山形的最多。明代是笔架最流行的时期，小孩儿和大人在练字时都少不了它。笔架的材质是不是名贵稀有，形状是不是雅致新奇，不只体现主人的身份地位，还能从中看出主人品位的高低。

笔
洗

笔洗

笔洗是装洗笔水的小盆子，经过手艺精湛的工匠加持以后，它摇身一变成了怡情养性、人人珍爱的"宠物"。最初，人们用贝壳、玉石做笔洗，宋人最爱雅致的瓷笔洗，明清时，皇帝带头，才用起犀牛角和象牙这样奢侈的材料制作笔洗。现在捕猎犀牛、大象违法，不能再用犀角、象牙了！

笔洗、笔舔、笔架，都为伺候毛笔而存在——暂时不用笔的时候放在笔架上，笔毛乱了用笔舔整理，笔不用了要及时在笔洗里一边轻压笔根，一边转动笔杆，把它清洗干净，以防沉积的旧墨损伤笔毛。洗净的笔一定要平放或者挂着晾干之后再插进笔筒里，不然笔根积水，时间久了会发霉，掉毛。

镇纸

勤奋的小读者，你做作业的时候是不是会用手把作业本压平再写呢？

在平整的纸面上写字、画画才能挥洒自如，因此古人的案头缺不得镇纸。镇纸，只要分量够重，倒没什么固定样式，随你决定，丰俭由人，从地上捡块石头或者挑选一方精雕细琢的珍贵美玉，都是一样的效果。

镇纸正式进入书房不晚于一千五百多年前的南北朝。传说，南齐开国皇帝萧道成有一柄"书镇如意"，分量极重，"甚壮大"，为的是遇人偷袭时拿它当武器使。

明清时期，书法大家辈出，文具的样式也空前繁盛，做镇纸的材质有青铜、硬木、玉石……总之，只有你想不到的，没有用不到的。镇纸样式大致分两类：素净的文字座右铭和传神的小雕塑。想一想，当你写字、画画的时候，有可爱的小兔子、小狮子或者灵芝仙草、竹根梅枝做伴，心里也会暖暖的，感觉萌萌的吧。

说它是古人的"案头手办"，是不是很恰当呢？

镇
纸

壶中天地

——园林生活

风筝

儿童散学归来早
忙趁东风放纸鸢

❀

虽然园林里没有野外宽敞，但是孩子们却总能找到地方放风筝。这么好的春风，谁能舍得不去放风筝呢？

风筝其实有很多名字，"纸鸢""飞鸢""风鸢"等都是它的别称。在北方，风筝多被称为"纸鸢"，南方则多称其为"鹞子"，这是因为风筝飞起来像鹞鹰的翅膀一样伸展开阔。

在古代，风筝有很多用处，比如打仗时可以传递情报。风筝用于军事行动的第一次可靠记载是在东晋时期，梁简文帝萧纲趁战乱将一份文书藏在风筝里，放飞告急，各路兵马收到信息才得以前来解围救助。唐朝末期，叛军入侵临洺城，临洺城将领张伾在守卫城池时，粮草用尽，情急之下用风筝与城外的援军里应外合，最终打败了叛军。

风筝在科学方面也有特别的贡献。明代有一个名叫万户的人，幻想着遨游天空，他在椅子背面装了大量的火药，自己坐在椅子上，两只手各牵一只风筝，然后点燃火药试图飞向空中。虽然万户的这次"太空遨游"实验失败了，但是作为一次伟大的尝试，也值得大家纪念。不过危险动作小朋友们不要模仿哟。

在宋代，不仅仅布衣百姓对风筝偏爱有加，王公贵族也一样乐此不疲。宋徽宗就十分热爱风筝，为此，他还编撰过《宣和风筝谱》。宋代著名的宰相寇准也曾为风筝赋诗：

碧落秋方静，腾空力尚微。

清风如可托，终共白云飞。

在园林里过家家

壶中天地

壶中若逐仙翁去
待看年华几许长 ❋

园林，以小见大，浓缩自然，好似上天的沙盘玩具。从南北朝起，私家园林便以"小巧而富有情趣"为追求目标。用"壶中天地"称呼园林再恰当不过。这"壶中天地"到底是什么意思？听听这个神话故事吧。

费长房是个小城管。一天，市场上来了个卖药的老头儿，用棍子挑着个葫芦。费长房在酒楼上喝酒，看到余晖中的商贩们或推车，或担担，拥挤着走向市场出口，人流中唯独有个挂长棍的身影纹丝不动，正是那卖药的老头儿。正看着，只见老头儿看了葫芦一眼，直直地往上一跳，嗖……竟然钻进葫芦消失不见了。费长房大吃一惊，赶紧往四周看看，似乎大家都没发现。

费长房快步下楼走过去，老头儿却已从壶里出来，正吆喝着卖药呢。费长房赶紧对老头儿作揖道："老丈，您莫不是神仙？"

老头哈哈一笑："小伙子，明天这个时候你再来此地。"

费长房回家后一宿无眠。第二天等不及集市开门，就早早等在外面，可直到下午，才等到带着葫芦慢慢悠悠走过来的老神仙。

他看到费长房也不多说，拉着他的手往上一跳，一起进了壶里边。

费长房觉得身子轻飘飘、软绵绵的，四下一看，环境大变。只见秀丽的小山在云雾中影影绰绰，清亮的潭水如镜子一般，阳光照在水面，闪烁的光亮如宝石、似明灯，又有飞瀑从造型奇巧的石间穿流而出，潺潺袅袅，还有白鹤三五成群，在重叠的楼阁上空飞过，这样的胜景哪像人间？

老头儿带着费长房走进一间富丽堂皇的宫殿，桌子被美酒佳肴摆满，几十个侍者分列两边。老头儿告诉费长房，自己是天上的神仙，因为犯错被罚到人间历练一番，眼看期限将满，但因跟费长房有缘，才能被他看见。

74

你好园林，神奇的院子

费长房听了，很想跟老头儿去修仙，但又惦记家人。犹豫间，老神仙看出端倪，便在路边折断一节竹竿，比量着跟费长房一般长短，说："拿去吧，把它挂到自家的后堂。"费长房依样照办，之后回到房间倒头睡去，朦胧间听到有人大哭，出来一看，家人竟围着自己的尸体大叫大喊。原来竹竿化成了费长房的样子，家人以为他上了吊。费长房上前呼唤亲人，竟没人能看见他，无奈只好跟老神仙上山修炼。

数日间，他已经学会好几个法术，老神仙说："你法术已成，可以出这壶天。这两样东西给你做纪念：一样是竹竿，可载你日行千里，任何地方随来随去；一样是灵符，可以驱动鬼神。"

费长房拿着宝贝回到家中，家里早已物是人非，父母头发都白了，儿女也长大成人，他这才知，山上修炼几天，家里已经十多年。他前去和家人相认，家人都大惊失色："你不是已经死了十多年？"

之后，费长房挖开自己的坟墓，家人们一看，竟然只有一根竹竿。

结束语

中国园林既有山水风月之美，又是"洗心涤性"的重要生活境域。因此，庭院雅趣，成为一种美好的追求。

园林是在咫尺之内，再造乾坤，丰简自便，即便是"容身小屋及肩墙"，依然可以在其中"窗临水曲琴书润，人读花间字句香"。

曹林娣